AF401179

DÉCOUVERTES

DE M. MARAT,

Docteur en Médecine & Médecin des Gardes-du-Corps de MONSEIGNEUR LE COMTE D'ARTOIS.

SUR LE FEU,

L'ÉLECTRICITÉ ET LA LUMIÈRE,

Conftatées par une fuite

D'EXPÉRIENCES NOUVELLES

Qui viennent d'être vérifiées par MM. les Commiffaires de l'Académie des Sciences.

A PARIS,

DE L'IMPRIMERIE DE CLOUSIER,

RUE SAINT-JACQUES,

M. DCC. LXXIX.

EXTRAIT DES REGISTRES

De l'Académie Royale des Sciences.

RAPPORT de MM. le Comte DE MAILLEBOIS, DE MONTIGNY, LE ROY ET SAGE.

Du dix-sept Avril mil sept cent soixante-dix-neuf.

Monsieur le Comte de Maillebois qui ne néglige rien de ce qui peut intéresser l'Académie, ayant eu connoissance d'un Mémoire, dans lequel on entreprend de prouver qu'on peut rendre visible le fluide igné, le présenta à l'Académie vers la fin de l'année dernière; il ajouta que si elle pensoit qu'il méritât son attention, & qu'elle nommât des Commissaires pour l'examiner, on leur feroit voir les expériences sur lesquelles l'Auteur du Mémoire établissoit l'existence de ce fluide. L'Académie ayant nommé en conséquence M. le Comte de Maillebois, M. de Montigny, M. Sage & moi, Commissaires à ce sujet, nous allons lui rendre compte des observations que nous avons faites sur ce Mémoire & sur les Expériences qui y sont rapportées & qu'on nous a fait voir.

La saine Physique ne marchant qu'à l'aide du flambeau de l'expérience, tous les Mémoires, tous les Traités où on entreprend de parler de cette Science, ne doivent être qu'un composé d'expériences bien faites & bien constatées, servant de base aux vérités qu'on se propose d'établir dans ces Mémoires ou dans ces Traités : telle est la marche que l'Auteur a suivie dans le Mémoire que l'Académie nous a chargés d'examiner.

Il renferme plus de cent vingt Expériences, qui toutes, ou au moins la plus grande partie, ont été faites par un moyen nouveau, ingénieux, & qui ouvre un grand champ à de nouvelles recherches dans la Physique; ce moyen, c'est le Microscope solaire.

Jusqu'ici on n'avoit employé cet instrument que pour de petits objets, dont les images se trouvant fort grossies par son effet, deviennent par-là plus faciles à appercevoir, & peuvent être facilement dessinées.

L'Auteur du Mémoire l'a employé à faire voir d'une manière sensible diverses émanations qui, sans son moyen, ne pouvoient pas être apperçues, ou qui ne l'avoient pas été d'une manière aussi claire & aussi distincte.

Pour cet effet il adapte au volet d'une chambre obscure un Microscope solaire, armé de son seul objectif, & il reçoit les rayons divergens du Soleil à l'ordinaire sur une toile ou sur un chassis de papier; il présente ensuite le corps, dont il se propose d'observer les émanations à une certaine distance du foyer, & dans un point tel que l'image, ou plutôt l'ombre de ces émanations, soit la plus distincte & la plus sensible; mais il faut décrire quelques-unes de ses Expériences, pour qu'on se forme une idée plus juste de la manière dont il les fait.

Le Microscope étant disposé, comme nous venons de le dire, on présenta, par exemple, aux rayons solaires, & dans le point dont nous avons parlé, la flamme d'une bougie. On vit aussi-tôt sur la toile, autour de la mèche, un cylindre allongé, ondoyant, dans lequel on distingua sensiblement l'image de la flamme, qui parut sous une forme de navette & d'une couleur roussâtre, & environnant une autre image, moins colorée au milieu, au milieu de laquelle on vit briller un petit jet fort blanc. Le cylindre étoit bordé d'une raie brillante jusqu'au sommet, où il se divisoit en plusieurs jets tourbillonnants, qui étoient cependant encore bordés d'une raie brillante, mais plus petite & moins vive que celle du cylindre.

Au lieu de la flamme d'une bougie, on exposa un charbon embrâlé, un fer rouge, & on y vit pareillement leur ombre bordée d'une raie brillante, & surmontée d'une touffe de jets moins éclatans, mais formant de même mille virevoltes. On substitua à ces corps incandescens d'autres corps, tels que l'or & l'argent affinés, la porcelaine du Japon, le crystal de roche, les cailloux du Rhin, rougis dans un creuset sous la moufle d'un fourneau de coupelle, & de manière qu'ils fussent exposés le moins possible aux parties qui s'émanent du charbon embrâsé, ou

vit ces différens corps préfenter encore les mêmes phénomènes, excepté que l'ombre projettée fur la toile fut plus nette & d'une teinte encore plus claire.

Tous les corps plus chauds que la température de l'air ambiant préfentés ainfi aux rayons du Microfcope folaire, font appercevoir fur la toile une émanation fenfible, ainfi M. Franklin qui a affifté avec nous à plufieurs de ces Expériences, ayant préfenté fa tête, fa main à ces rayons, on en vit s'élever fur la toile des émanations, on ne peut plus apparentes; plufieurs de nous ayant préfenté leurs mains de même, on vit les mêmes émanations.

On plaça dans un récipient conftruit convenablement avec des glaces, & expofé aux rayons du Microfcope folaire, des corps chauds & incandefcens; & l'on vit les mêmes émanations, bien qu'on eût pompé l'air du récipient, au moins jufqu'à un certain point, car faute d'un Baromètre d'épreuve fuffifamment exact, nous n'avons pu juger du degré auquel le vuide avoit été porté.

Nous en avons dit affez pour faire connoître comment on procède dans ces Expériences; c'eft d'après ces Expériences très-nombreufes & très-variées pour parvenir à l'objet qu'il fe propofe, que l'Auteur entreprend de prouver que toutes ces émanations, ainfi rendues fenfibles par le Microfcope folaire, font l'effet d'un fluide qui fort & qui s'élève des corps échauffés, & que ce fluide eft le fluide igné.

On conçoit combien une pareille affertion & d'où réfulteroit des conféquences auffi importantes que multipliées dans la Phyfique, demande d'examens, de faits & d'expériences pour être folidement établie, auffi nous n'entreprendrons pas de déterminer ici jufqu'à quel point l'Auteur eft parvenu à prouver ce qu'il avance fur ce fluide, cela nous entraîneroit dans de trop longues difcuffions : nous avons appris d'ailleurs qu'il défiroit particulièrement que l'Académie prononçât fur la vérité & l'exactitude de fes Expériences (1).

____

(1) L'Auteur a fait prier MM. les Commiffaires de vouloir bien ne prononcer que fur l'exactitude & la nouveauté de fes Expériences : perfuadé que les faits qui font la bafe de fa Théorie étant abfolument inconnus jufqu'à lui, & la plupart fort difficiles à conftater, vu la difficulté de fe procurer un appareil convenable, il importoit qu'ils euffent la fanction de l'Académie des Sciences; à l'égard des conféquences qu'il en tire, elles font à la portée de tous les Phyficiens éclairés. *Note de l'Auteur.*

Nous nous contenterons ainfi d'obferver qu'il paroît conftant par toutes les Expériences que nous avons vues ; qu'il fort & émane des corps échauffés, rouges, incandefcens, un fluide, que ce fluide forme autour de ces corps une athmofphère d'une figure pyramidale ou fphéroïdo-conique, ayant le fommet tourné en haut; que ce fluide porte la chaleur avec lui à une diftance beaucoup plus grande au-deffus de ces corps, que de tous les autres côtés, comme on le prouve fenfiblement, en réuniffant ce fluide au moyen d'un entonnoir, placé au-deffus des émanations; car alors il enflamme les corps combuftibles qu'on lui préfente. Enfin, que ce fluide eft expanfif & qu'on peut l'attirer, l'agiter comme l'air, &c. Nous ajouterons d'ailleurs que les Expériences fur lefquelles l'Auteur appuye fa Théorie, & dont plufieurs ont été répétées devant nous, nombre de fois, nous ont paru très-exactes, & que nous les avons toutes vérifiées, autant qu'il eft poffible de le faire dans un examen de cette nature.

Nous concluons de tout ce que nous venons d'expofer, que fans prononcer décidément fur ce que l'Auteur entreprend d'établir dans fon Mémoire fur le fluide igné, (1) nous regardons ce Mémoire comme fort intéreffant par fon objet, & comme contenant une fuite d'Expériences nouvelles, exactes, & faites par un moyen également ingénieux & propre, comme nous l'avons dit, à ouvrir un vafte champ aux recherches des Phyficiens, non-feulement fur les émanations des corps échauffés, mais encore fur les évaporations des fluides, foit abandonnées à eux-mêmes, foit excitées par des fermentations, des diffolutions, &c. &c. *Signé,* MAILLEBOIS, DE MONTIGNY, LE ROY & SAGE.

Je certifie le préfent Extrait conforme à fon original & au jugement de l'Académie. A Paris, ce 25 Avril 1779, le Marquis DE CONDORCET.

---

(1) Quoique MM. LES COMMISSAIRES ayent borné leur rapport au fluide igné; les expériences tant fur la matière électrique & la matière lumineufe que fur ce fluide, imprimées en italique dans ce Précis, ont toutes été vérifiées, & font confignées dans le Mémoire dont l'Auteur a fait hommage à l'ACADÉMIE. *Note de l'Auteur.*

DÉCOUVERTES

SUR LE FEU,

L'ÉLECTRICITÉ ET LA LUMIÈRE,

Conftatées par une fuite

D'EXPÉRIENCES NOUVELLES

Qui viennent d'être vérifiées par MM. les Commiffaires de l'Académie des Sciences.

IL en eft aujourd'hui, me femble, de la doctrine du feu, comme de celle des couleurs avant Newton. On le prend pour matière, & il n'eft qu'une modification d'un fluide particulier (a); de même que le coloris n'eft qu'une modification de la lumière que les corps réfléchiffent. J'avoue qu'au premier coup d'œil, la vraifem-

---

(1) Pour le diftinguer des autres, je le défignerai fous le nom *de fluide igné.*

A

blance manque ici à la vérité ; mais je prie le lecteur de fufpendre fon jugement, & de me donner le tems de déduire mes preuves.

Si l'on peut parvenir à connoître le principe de la chaleur, c'eft par l'examen de fes effets.

Ce principe fe trouve dans tous les corps, puifqu'il s'y développe par l'attrition.

Pour confumer les combuftibles, il agit fur la maffe entière, quoiqu'il ne paroiffe agir qu'à la fuperficie ; car leur intérieur eft toujours chaud : ce qui fuppofe l'action d'un fluide qui pénètre leur tiffu.

Si vous préfentez à une bougie allumée une bougie qu'on vient d'éteindre, vous la verrez fe rallumer avant d'avoir touché à la flamme. A l'approche d'un fer rouge, une bandelette de papier trempé dans une diffolution de cuivre par l'acide nitreux s'enflamme à travers les parois d'un bocal. La cire fond à dix pas d'une fournaife. Or ces effets ne peuvent avoir lieu qu'à l'aide d'un fluide qui étend au loin fa fphère d'activité.

Un corps froid appliqué fur un corps chaud le prive peu-à-peu de chaleur, jufqu'à ce qu'il en ait acquis un égal degré : ce qui fuppofe un fluide paffant de l'un à l'autre.

Le refroidiffement des corps par contact eft mefurable : on apprécie le point de chaleur que doivent contracter par leur mélange les liquides homogênes échauffés à différens dégrés ; & ce point correspond toujours au rapport qu'on observe dans les mobiles qui se choquent entre la masse & la vîtesse : le refroidissement est donc produit par la diminution du mouvement d'un fluide.

Enfin le camphre, le naphte, les huiles essentielles, l'esprit de vin, le phosphore, &c. quoique très-imprégnés de fluide igné, sont toujours à la température du milieu qui les environne : c'est donc le mouvement de ce fluide, non sa présence, qui produit la chaleur & le feu.

Cette vérité déduite de la nécessité des faits peut se démontrer à l'œil même.

Quand on adapte le microscope solaire monté du seul objectif au volet d'une chambre obscure, & qu'on place la flamme d'une bougie dans un point convenable du (1) cône que forment les rayons du soleil devenus divergeans (2) ; on voit sur la toile s'élever autour de la   *Exp.* 1.

---

(1) Ce point est à plusieurs pieds du foyer.

(2) Comme il sera souvent question de ces expériences dans le cours de cet Ouvrage, pour éviter les vaines redites, je prie le Lecteur de ne pas oublier qu'elles ont toutes été faites de la manière que je viens de décrire, lorsque je parle simplement d'observations dans la chambre obscure. Cette manière d'observer est absolument neuve ; & j'invite fort les Physiciens à en essayer. La

mèche un cylindre allongé, diaphane, ondoyant. Dans ce cylindre, on distingue l'image de la flamme : elle paroit sous la forme d'une navette rousse, qui en circonscrit une autre moins colorée, au centre de laquelle brille un petit jet fort blanc (1) : ce cylindre est bordé d'une raie brillante, à l'exception du sommet qui se divise en plusieurs jets tourbillonans, bordés chacun d'une raie brillante plus petite.

Exp. 2.   Lorsqu'à la flamme d'une bougie on substitue un charbon embrasé, un fer rouge, &c. ; on voit leur ombre environnée d'une raie brillante, & surmontée d'une touffe de jets moins brillans, mais formant de même mille virevoltes.

Exp. 3.   Si à ces corps incandescens on en substitue d'autres, tels que l'or & l'argent affinés, la porcelaine du Japon, le cryftal de roche, les cailloux du Rhin, mais rougis dans un creuset sous la moufle d'un fourneau de coupelle, de manière à n'avoir aucun contact avec les effluves du charbon ; les mêmes phénomènes auront lieu, à cela près que l'image projettée sur la toile sera plus nette, plus brillante.

Puisque ces derniers corps font inaltérables au feu, que rien de volatil ne s'en sépare, &

---

porter dans certaines branches de la Phyfique, seroit, je pense, s'ouvrir une source de connoiffances nouvelles.

Exp. 4.   (1) Lorsque les filamens de la mèche font défunis, ce jet se divise en plusieurs.

que la chaleur feule (comme on dit) les a pénétrés ; les effluves qui s'en échappent ne peuvent être que des flots de fluide igné.

Malgré l'évidence des prémices, on objectera
fans doute que l'objet, dont l'image paroît fur
la toile, pourroit bien être quelque vapeur légère, échappée de ces corps, & deftinée à tranfmettre la chaleur. Mais nulle vapeur ne s'élève
fans le concours de l'air qui la tient en diffolution : or le verre le plus mince eft imperméable
à l'air, tandis que le verre le plus épais ne l'eft
pas aux émanations ignées d'un corps chaud,
incandefcent ou enflammé, comme on l'ob-
ferve dans la chambre obfcure. *Lors donc que quel-*   *Exp. 5.*
que matière déflagre fous un récipient qui adhère à fon
fupport, les vapeurs les plus fubtiles y font retenues ; au
lieu que notre fluide s'en échappe à travers les parois.
Enfin, les exhalaifons d'un corps enflammé ou
incandefcent, loin de fervir à tranfmettre l'action du fluide igné, l'affoibliffent toutes ; puifque les combuftibles expofés à fes émanations
ignées s'allument avec d'autant moins de faci-
lité qu'il fournit plus d'effluves craffes (1).

Soit, dira quelqu'un ; il eft prouvé que ces
émanations ne font pas des vapeurs : mais ne

---

(1) **On verra les preuves de cette vérité**, détaillées à l'article
du degré de chaleur dont les différens corps font fufceptibles.

tiendroient-elles point au milieu ambiant altéré par le feu ? On démontre le contraire *en pouſſant*

Exp. 6. *de l'air ſur le corps d'où elles s'échappent ; car quelque vive que ſoit l'impulſion, on ne parvient jamais à les*

Exp. 7. *détacher de la ſuperficie. D'une autre part, ſi on ſuſpend ce corps un peu au-deſſus du tuyau d'aſpiration de la machine pneumatique, on les verra s'y précipiter à me-*

Exp. 8. *ſure qu'on fait aller la pompe. Enfin elles ne ſont pas moins conſidérables dans le vide qu'en plein air.*

Exp. 9. Que ces émanations ſoient des flots de fluide

Exp. 10. igné, *on s'en aſſure par l'impreſſion de chaleur qu'el-les produiſent ſur le tact, par la fuſion des ſubſtances*

Exp. 11. *métalliques expoſées à leur action, par l'inflammation des combuſtibles qu'on leur préſente ;* effets caracté-riſtiques du feu, qu'elles ne pourroient pro-duire ſi elles n'en étoient le véritable prin-cipe.

Je ne me ſuis arrêté ſi long-tems à la preuve de cette vérité, que parce qu'elle eſt la baſe de mon ouvrage, & qu'on ne peut d'ailleurs éta-blir trop ſolidement des faits dont la nouveauté ſéduit toujours.

Au reſte, notre fluide n'eſt ici apperçu qu'en maſſe ; peut-être la catoptrique ſera-t-elle un jour aſſez perfectionnée pour nous en faire diſ-tinguer les globules.

Examinons ſes propriétés avec ſoin.

Ce fluide eſt tranſparent, & ſa tranſparence

est telle que les vapeurs les plus légères l'altèrent toujours. Pour s'en convaincre, il suffit de *comparer dans la chambre obscure l'ombre des exhalaisons de l'eau bouillante à celle des émanations d'un corps incandescent inaltérable au feu.*   *Exp.* 12.

Le fluide igné n'est pas simplement diaphane, il paroît lumineux, & toujours proportionnellement à sa densité ; car *les flots de ce fluide, qui*   *Exp.* 13. *s'échappe d'un corps enflammé ou incandescent, donnent toujours sur la toile une lueur plus vive que les légères émanations d'un corps simplement chaud.* Mais l'éclat qu'il répand alors vient de ce qu'il forme un milieu plus dense que l'air, plus propre conséquemment à rassembler les rayons solaires, puisqu'à mesure que la lumière devient plus vive, cet éclat diminue, & qu'il disparoît enfin quand elle a toute sa vivacité. *Lorsqu'on présente la flamme d'une bougie aux rayons solaires rassemblés dans la chambre obscure, à l'aide d'un objectif de long foyer & de grand diamètre ; jamais l'image de ce fluide*   *Exp.* 14. *n'a autant d'éclat que lorsqu'on la présente à ces mêmes rayons rassemblés à l'aide d'un objectif d'un court foyer & de petit diamètre.* Plus il y a de lumière sur la toile, moins l'image de ce fluide est brillante; *elle cesse enfin de l'être au foyer d'une seconde lentille*   *Exp.* 15. *placée entre la toile & la flamme.*

J'ai dit que le fluide igné a d'autant plus d'éclat qu'il est plus dense : l'expérience met cette

Exp. 16. vérité hors de doute. *En pouſſant du bout d'un poinçon un corps chaud ſuſpendu au milieu du cône de lumière, on voit le fluide qui s'échappe acquérir de l'éclat du côté vers lequel ſe fait l'impulſion, & en perdre du côté oppoſé.* Or, ici, ce fluide ſe raréfie dans l'eſpace que le corps abandonne ; là, il ſe condenſe *Exp.* 17. par la preſſion de l'air que le corps déplace. *Les réſultats de cette expérience ſeront mieux marqués, ſi au lieu de pouſſer ce corps on l'abaiſſe avec preſteſſe ;* parce que la preſſion de l'air eſt plus forte dans ſes couches inférieures que dans ſes couches latérales.

A l'égard de l'éclat plus vif encore qu'a notre fluide aux bords de ſa ſphère d'activité, ſur-tout au centre de la flamme ; cela vient de ce que dans ces endroits la figure des jets ignés approche de la ſphérique (1), figure la plus propre de toutes à raſſembler les rayons ſolaires. Cette vérité eſt une conſéquence du principe que nous venons d'établir ; mais s'il falloit une *Exp.* 18. preuve directe, il ſuffiroit pour l'obtenir de *préſenter aux rayons ſolaires raſſemblés dans la chambre obſcure, un gros anneau de fer rougi à blanc ; puis de comparer l'éclat des jets qui enveloppent l'anneau à celui*

---

(1) C'eſt auſſi à la forme circulaire que l'air prend autour des corps cylindriques, coniques, ſphériques, &c. qu'on doit attribuer la petite raye éclatante dont leur ombre eſt environnée.

de la couche qui occupe l'espace circonscrit. Or que tout cet espace soit rempli de fluide igné, on s'en assure en y poussant de l'air avec un soufflet.

Comme tout autre corps, ce fluide est doué de pesanteur, car les métaux rougis perdent tous de leur poids en refroidissant.

Le fluide igné que renferment les corps incandescens vient en grande partie du dehors; *puisqu'ils le laissent continuellement échapper, jusqu'à ce qu'ils soient revenus à la température du milieu ambiant.* Et à voir la quantité qui s'en échappe, on cesse d'être étonné de leur augmentation de poids.

Malgré sa pesanteur il est extrêmement mobile. *Lorsque dans la chambre obscure on pousse au chalumeau un charbon embrâsé; au moindre souffle, on voit des flots de ce fluide s'agiter avec violence.*

A cette étonnante mobilité, il joint une grande force expansive; comme le prouvent la raréfaction de l'air chaud, la fusion des substances métalliques & tant d'autres phénomènes singuliers : mais cette force ne paroît nulle part aussi nettement que dans la chambre obscure, *lorsqu'on y fait déflagrer de l'esprit de vin, du soufre, de la poudre à canon amalgamée avec un peu d'eau; ou lorsqu'on fait voltiger du duvet au-dessus de la flamme d'une bougie.*

Ce fluide est aussi compressible. *Si l'on suspend*

Exp. 19.

Exp. 20.

Exp. 21.

Exp. 22.

Exp. 23.

un petit boulet rouge ſous un récipient de glaces, on verra dans la chambre obſcure l'atmoſphère ignée s'étendre à meſure qu'on fait le vide, & revenir à ſes dimenſions primitives à meſure qu'on fait rentrer l'air. Après avoir enlevé le récipient, ſi l'on abaiſſe ce boulet, on verra la partie inférieure de cette atmoſphère ſe reſſerrer à meſure qu'il plonge, c'eſt-à-dire, à meſure qu'elle eſt plus fortement comprimée par l'air qu'il déplace.

Cependant le fluide igné n'eſt pas élaſtique Lorſqu'on ſuſpend une boule rouge vidée & percée d'un trou, on ne voit pas celui dont elle eſt remplie s'échapper en plus grande quantité par cette ouverture que par tout autre point de la ſuperficie ; mais lorſqu'on introduit un peu d'air dans la cavité, violemment dilaté par la chaleur, il entraîne notre fluide qu dehors : auſſi l'en voit-on ſaillir à grands jets.

Puiſque le fluide igné pénètre tous les corps, même les plus compactes, quelle que ſoit la coupe de leurs pores ; ſes corpuſcules doivent être d'une étonnante petiteſſe & d'une figure globuleuſe.

Le fluide igné ne ſurpaſſe pas en ténuité tous les autres fluides, mais il les égale tous par la ſolidité de ſes globules ; cette ſolidité eſt extrême ; rien ne leur réſiſte, pas même le diamant qu'ils calcinent : auſſi ſont-ils inaltérables comme les élémens mêmes.

La lumière & la chaleur ſont toujours réunies dans le feu : or on demande s'il eſt un fluide particulier deſtiné à brûler ou ſi c'eſt le même qui éclaire. Ne multiplions pas les êtres ſans néceſſité ; mais ſous prétexte que la nature ne les produit qu'avec épargne , n'allons pas non plus confondre des objets différens.

Je paſſe ſous ſilence une multitude de faits connus, propres à prouver que le fluide igné diffère abſolument du fluide de la lumière, & je me borne ici à quelques expériences nouvelles qui mettent le ſceau de l'évidence à cette vérité.

Dans la chambre obſcure , le premier de ces fluides Exp. 26. *fait ombre ſur la toile ; le dernier ne fait que donner de l'éclat aux endroits ſur leſquels il tombe : l'image de la ſphère d'activité de celui-ci ne s'y trace jamais, quelque denſe qu'il ſoit ; l'image de la ſphère d'activité de celui-là s'y trace toujours , quelque peu qu'il ſoit denſe. Après avoir adapté à chaque volet d'une croiſée , au* Exp. 27. *midi, un microſcope ſolaire monté avec l'objectif ſeul ; on a beau diſpoſer ces volets de manière que les rayons auxquels ils donnent paſſage ſe croiſent , ou plutôt, de manière que le foyer d'un des faiſceaux ſe perde dans le cône que forme l'autre , lorſque ſes rayons ſont devenus divergeans* (1) ; *on ne voit point ſur la toile où porte la baſe de ce cône , l'image de ce foyer.*

---

(1) Pour que cette expérience réuſſiſſe , il faut que l'un des

Non-seulement le fluide de la lumière est tout-à-fait différent du fluide igné : mais le principe de la chaleur n'est point dans les rayons solaires ; & voici sur quoi j'appuie cette étrange assertion.

Exp. 28.   *Notre fluide se trouve dans tous les corps ; puisqu'on le voit s'en échapper, pour peu que leur température soit au-dessus de celle de l'air ambiant : mais loin que le foyer de ces rayons soit environné d'une atmosphère de fluide igné, comme cela*devroit arriver s'ils étoient brûlans ; on n'y découvre pas même le moindre vestige de ce fluide, ainsi qu'on l'observe dans l'expérience qui précède.*

Exp. 29.   *Lorsqu'on expose à ce foyer différens combustibles ; on voit le fluide igné s'échapper de ces corps (1), en quantité proportionnelle au tems où ils y sont exposés, & au degré de chaleur dont ils sont susceptibles.*

Exp. 30.   *Quand on couvre d'un voile l'objectif, ce fluide continue à s'échapper de ces corps, jusqu'à ce qu'ils soient consumés ou revenus à la température de l'air qui les environne.*

Concluons que les rayons solaires ne sont

---

objectifs ait six pouces de foyer ; l'autre trois pieds de foyer, & six pouces de diamètre.

(1) Voilà une méthode bien simple de distraire des corps, du moins en grande partie, le fluide igné qu'ils contiennent ; — méthode dont un célèbre Physicien de nos jours desiroit la découverte.

autre chofe que la matière de la lumière même, pouffée en droite ligne par l'action du Soleil ; & que s'ils produifent de la chaleur, ce n'eft qu'autant qu'ils excitent dans les corps le mouvement du fluide igné contenu (1).

Si ce fluide diffère abfolument de la matière lumineufe, il ne diffère pas moins du fluide électrique avec lequel on l'a confondu : car

---

(1) Comme le fluide igné s'échape des corps expofés au foyer des rayons folaires, je penfe qu'en expofant à celui de deux lentilles, une fort mince lame métallique de même étendue, on pourroit parvenir à épuifer entiérement le fluide igné qu'elle contient, & obtenir de la forte la preuve la plus frappante de la verité dont il s'agit.

Pour cela, il faudroit conftruire fur pivot & en plaine, une petite chambre obfcure. On pratiqueroit à l'un des côtés trois ouvertures horizontales & diftantes de trente pouces. A celle du milieu on adapteroit le microfcope folaire fimplement monté avec un objectif de court foyer, & à chacune des extrémités un microfcope folaire monté avec un objectif de long foyer & de grand diamètre. Ceux-ci feroient difpofés de manière que leurs rayons fe coupaffent au foyer. C'eft à ce point d'interfection qu'on placeroit la lame métallique, & on l'y laifferoit tant que le foleil feroit fur l'horizon.

Il eft fuperflu d'indiquer ici la manière de conferver la même expofition relative du foleil : on ne l'ignore pas , pour peu qu'on foit exercé à des expériences de ce genre.

Je n'aurois pas laiffé cette expérience à faire , fi la brièveté des jours de la faifon où nous fommes ne m'avoit empêché de la tenter.

on ne sauroit découvrir dans celui-ci la moindre chaleur , malgré que sa lumière soit fort
vive.

Exp. 31. *En présentant la boule du thermomètre à une ai-*
grette électrique , la liqueur ne monte point du tout ;
Exp. 32. *& en y présentant la main , on ressent une impression*
de fraîcheur , semblable à celle que produiroit le souffle
léger du zéphir.

Le fluide igné ne diffère pas simplement du
fluide électrique par la manière d'agir ; il en
diffère encore à la simple inspection , quand
on les compare dans la chambre noire.

Exp. 33. *Tous deux sont transparens ; mais le dernier l'est*
beaucoup moins que le premier : la transparence de celui-
ci semble toujours augmenter avec la quantité ; au
Exp. 34. *contraire la transparence de celui-là diminue. Cela se*
voit en comparant le jet que forme le fluide électrique
attiré par une pointe , à celui qu'il forme déchargé de
Exp. 35. *la bouteille de Leyde ; & les émanations d'un corps*
chaud au jet qui occupe le centre de la flamme d'une
bougie.

Exp. 36. *Le feu ajoute à l'attraction électrique : car les corps*
incandescens , quelle que soit leur forme , attirent comme
feroient des corps métalliques pointus , à cela près que
leur sphère d'activité est moins étendue.

Le fluide électrique , toutefois, n'attire pas
le fluide igné. *Après avoir établi une communica-*
tion entre le premier conducteur & un vase rempli d'eau ,

posé sur le trépied (1), garni d'un thermomètre ; si Exp. 37.
l'on présente un boulet rouge au premier conducteur,
tandis que la roue tourne, on n'appercevra pas le plus
léger changement de température.

Loin de l'attirer, il le repousse. En suspendant ce Exp. 38.
boulet rouge à un pouce de distance du bout d'un poinçon
fixé au premier conducteur ; tandis que la machine tra-
vaille, on voit le jet électrique chasser les émanations
ignées, comme feroit l'air doucement poussé à travers
un tube.

Ces émanations ne conduisent pas même l'électricité : Exp. 39.
car la bouteille de Leyde reste aussi long-tems chargée
dans une atmosphère de fluide igné que dans une atmosphère d'air pur.

D'ailleurs, en présentant d'une main à cette atmos- Exp. 40.
phère, le crochet de la bouteille chargée ; si de l'autre
on touche avec un fil de fer au corps incandescent qu'elle
environne, on ne sentira pas la plus légère commotion.

Le fluide électrique est attiré par tout corps solide ; Exp. 41.
le fluide igné n'est attiré par aucun.

L'impulsion de l'air sur ces deux fluides est fort dif- Exp. 42.
férente. Sur l'un, elle n'a de prise qu'autant qu'elle
est très-forte ; elle en a sur l'autre pour peu qu'elle
soit sensible ; jamais elle ne manque d'agiter les émanations ignées : toujours elle se borne à dévier la direction des jets électriques. Ces effets sont bien marqués Exp. 43.

---

(1) J'entends par ce mot la petite table à pieds de verre.

dans la chambre obscure : lorsqu'on pousse de l'air avec un soufflet à tuyau de verre sur le jet de fluide élec-trique , qu'attire une boule de cuivre incandescent, sus-pendue à un pouce de distance du premier conducteur , & sur les émanations ignées qui environnent cette boule (1).

Exp. 44. Le fluide électrique frappe les corps soumis à son action (2) , & reste ensuite caché dans leur sein ; le fluide igné s'agite vivement dans leur tissu , & forme autour d'eux une petite atmosphère.

Exp. 45. Le fluide électrique condensé dans un corps dispa-roît après le plus léger contact d'une substance qui en contient peu : mais aucun contact ne fait disparoître les émanations du fluide igné.

Puisque la matière ignée diffère si essentielle-ment de la matière électrique & de la matière lu-mineuse, seules substances avec lesquelles on peut la confondre , elle forme donc un fluide à part.

De ce qui précède, concluons que la chaleur , le feu , la flamme , font produites par un fluide en mouvement, dont les globules ont beaucoup de transparence , de ténuité , de poids , de mobilité & une dureté extrême.

Mais en quoi consiste ce mouvement ? Pour décider la question, faisons parler les faits.

---

(1) Dans cette expérience , le fluide igné , la matière électri-que & l'air s'apperçoivent par l'image qu'ils forment sur la toile.

Exp. 46. (2) On le voit même rejaillir de dessus l'endroit qui a reçu la percussion.

Quand

Quand on examine, au microſcope ſolaire, le ſom- *Exp. 47.*
met de la mèche d'une bougie allumée, après l'avoir
mouchée ; on voit dans l'image portée ſur la toile, le
bouillonnement inteſtin des mollécules inflammables (1).

Ce n'eſt pas-là, dira quelqu'un, le mouvement des globules ignés.. Soit ; mais celui des
mollécules qu'ils agitent n'en eſt-il pas une ſuite
néceſſaire ?

Lorſqu'on examine la flamme de cette bougie avec *Exp. 48.*
l'objectif ſeul, on voit le mouvement inteſtin du fluide
igné même. Dans le cylindre qui fait partie de l'image
de ce fluide, ſans doute ce mouvement eſt trop rapide
pour être apperçu ; mais on le voit bien nettement dans
la touffe des jets qui la couronne.

On le voit bien nettement auſſi dans celle qui cou- *Exp. 49.*
ronne l'image formée par le fluide igné s'échappant du
braſier, du fer rouge, du cuivre, de l'argent, de l'or,
du criſtal & de tout autre corps incandeſcent.

On le voit de même bien nettement dans l'image *Exp. 50.*
d'une mèche de ſoufre qui brûle.

Toutefois comme ces jets ſont des flots de *Exp. 51.*
fluide igné qui s'agitent en tourbillons : en ſouf-
flant légèrement ſur le corps dont ils émanent pour les
diviſer, on voit plus nettement encore le mouvement de
ce fluide.

---

(1) Pour cela, il faut choiſir une lentille d'un foyer très-court,
& placer le ſommet de la mèche tout auprès.

B

Exp. 52. *Enfin, on le distingue au mieux dans l'image d'une parcelle de phosphore d'urine enflammée, vue au microscope solaire* (1) *; & dans celle de la flamme d'une bougie poussée au chalumeau* (2) *, vue à l'aide de l'objectif seul.*

Le fluide igné est doué de force expansive ; car il devient le centre d'une sphère d'activité d'où il s'élance de toute part.

Cette force tient uniquement au mouvement intestin des globules ignés, puisqu'elle augmente & diminue avec leur vîtesse. Et rien de si simple à concevoir : il suffit qu'un corps en pousse un autre pour que cet effet ait lieu : car à l'instant que les globules s'entrechoquent, l'impulsion se change en répulsion ; & comme les chocs les plus violens sont toujours au centre de la sphère d'activité (3), lorsque le feu a un foyer, la force répulsive doit toujours devenir excentrique.

Le fluide igné qui s'échappe des corps enflammés ou incandescens, forme, autour d'eux,

---

(1) Dans cette expérience, l'objet est placé avant la réunion des rayons au foyer ; mais il faut que le porte-objet soit de verre extrêmement mince.

(2) Il faut tenir le chalumeau à un pouce de la flamme.

(3) Du centre de la flamme d'une bougie, d'un tison, d'une mèche de soufre, &c. partent toujours les jets de fluide igné les plus brillans, comme on l'observe dans la chambre obscure.

une fphère d'activité dont l'aire eft d'autant plus grande que le volume de ces corps eft plus confidérable; mais l'intenfité de la chaleur ne s'y déploie pas en raifon inverfe du quarré de la diftance des corps d'où il émane; toujours elle eft plus grande dans leur région fupérieure que dans toute autre point de leur étendue. *Une lame de plomb, extrêmement mince, fond* Exp. 53. *à fix lignes au-deffus d'un boulet rougi à blanc, & ne fond pas à trois lignes des côtés. Une allumette s'allume à fix pouces du fommet de la flamme* (1) *d'une chandelle, & ne peut s'allumer à quatre lignes de la bafe.*

La figure de cette fphère d'activité fe voit dans la chambre obfcure. On y obferve qu'elle varie fort des corps enflammés aux corps incandefcens. Dans ceux-ci, elle a moins d'étendue, particulièrement au haut, où elle fe rétrecit, & paroît fuivre leur forme. *Pour s'en convaincre,* Exp. 54. *il fuffit de comparer l'image d'une mèche de foufre enflammé à celle d'une plaque de fer ardent de mêmes dimenfions, & l'image d'un corps enflammé quelconque à celle d'un anneau, d'un boulet, d'un triangle de métal rougi à blanc.*

D'où viennent ces irrégularités? Une feule Exp. 55. expérience va réfoudre la queftion.

---

(1) Dans cette expérience, il faut empêcher que la flamme ne vacille, en l'entourant d'une fimple bandette de papier, lorfqu'on n'a pas un inftrument convenable.

Exp. 56.　*Lorſqu'on ſuſpend un petit boulet rouge ſous un réci-pient de glaces ; on voit , après pluſieurs coups de piſton , la ſphère d'activité de notre fluide s'étendre d'une manière uniforme autour du boulet (1).*

Or , ſous ce récipient, l'air n'étant plus com-primé par celui du dehors, ſe met en équilibre avec lui-même , & devient par-tout d'égale denſité, d'égal reſſort ; dans un corps également chaud, la force expanſive du fluide igné eſt donc la même en tout ſens : ainſi la figure, qu'affecte à l'air libre la ſphère du feu , dépend de l'inégale preſſion de l'air qui environne.

Comme il eſt très-difficile de ſe procurer un pareil récipient , toujours néceſſaire à la netteté de l'image ; on peut ſuppléer à cette expérience par une autre non moins déciſive , faite avec le récipient de verre commun : peut-être même ſera-t-elle mieux du goût des Lecteurs , en ce qu'elle ſubſtitue à la vue le toucher , qu'on re-garde comme un ſens plus parfait. *Si donc on ſuſpend au milieu un petit boulet rouge , en laiſſant ouvert le tuyau d'aſpiration , le centre de la partie ſupérieure s'échauffera le plus , parce que la ſphère*

Exp. 57.

Exp. 58.　(1) Cet effet s'apperçoit beaucoup plutôt , lorſqu'on renferme le boulet rouge dans une boëte de métal froid : car alors le fluide igné ne commence point par plus raréfier l'air au haut que dans tout autre point de ſa ſphère d'activité.

d'activité de notre fluide conſerve la figure qu'élle a en plein air. *Mais ſi on y ſuſpend ce boulet échauffé* Exp. 59. *au même point, après avoir fait le vide, çe ſera la* Exp. 60. *partie latérale qui s'échauffera le plus. Si on place ce boulet à égale diſtance des côtés & du haut, ces parties acquerront même degré de chaleur; pourvu, toutefois, que leur épaiſſeur ſoit égale. Si à çe récipient on en* Exp. 61. *ſubſtitue un de forme globuleuſe, la chaleur s'y répandra plus également encore.* Dans le vide, cette ſphère d'activité s'étend donc d'une manière uniforme autour des corps chauds d'où le fluide igné s'échappe. *Lorſque le boulet reſte long-tems ſuſpendu,* Exp. 62. *on voit dans la chambre obſcure cette ſphère s'étendre au-delà des parois du récipient.*

Puiſque la figure qu'affecte en plein air la ſphère d'activité de notre fluide, tient à l'inégale preſſion du milieu ambiant, elle ne ſauroit être la même dans les différentes regions de l'atmóſphère : dans la même région, elle ne ſauroit être la même non plus. Or plus eſt grand le reſſort de l'air qui environne, plus elle doit ſe reſſerrer ; plus il eſt petit, plus elle doit s'étendre. Au reſte, ſon étendue n'eſt proportionnelle qu'à l'ardeur du feu, puiſqu'elle n'augmente point avec le volume des corps en état d'ignition.

Autour d'un boulet de cuivre du poids de deux onces, Exp. 63. *échauffé juſqu'au rouge ceriſe, cette ſphère s'étend à*

B 3

une ligne & demie, excepté au sommet où elle s'étend à vingt lignes.

Exp. 64. Autour & au sommet d'un boulet de cuivre du poids de huit onces, échauffé au même point, elle n'a que la même étendue.

Exp. 65. Autour d'un boulet de fer du poids de six onces & rougi à blanc, elle s'étend à deux lignes, excepté au sommet où elle s'étend à trois pouces.

Exp. 66. Autour & au sommet d'un boulet de fer du poids de six livres, & rougi au même point, elle n'a que la même étendue.

Exp. 67. Autour de la flamme d'une chandelle, elle s'étend à trois lignes, excepté au sommet où elle s'étend à dix pouces.

Exp. 68. Autour & au sommet de la flamme d'un tison, d'un bouchon de paille, d'un flambeau, elle n'a que la même étendue.

Exp. 69. Mais elle en a une un peu plus grande, autour & au sommet de la flamme d'une mèche de soufre, d'un morceau de phosphore, d'un vase rempli d'esprit de vin.

On s'assure de ces distances en approchant des corps enflammés ou incandescens un poinçon, jusqu'à ce que son ombre touche à l'image des flots de fluide igné qui s'échappent ; mais il ne faut regarder comme portion supérieure de la sphère de feu que le cylindre formé par notre fluide avant qu'il se divise en plusieurs jets.

Au reste , lorsque j'ai fait cette Table , le thermomètre étoit à treize degrés , & le baromètre à vingt-six. J'indique ici l'état de l'air dans ma chambre obscure, & l'on en sent bien la raison.

Le feu a besoin d'air ; sans lui il ne peut ni s'allumer ni s'entretenir : car tout combustible avec lequel il n'est pas en contact , ne s'enflamme jamais : si quelques substances semblent faire exception à cette loi générale, c'est qu'elles contiennent l'air nécessaire à leur déflagration.

Ce concours est nécessaire à bien des égards.

D'abord en ce qu'il résiste à l'expansion du fluide igné , ou plutôt, en ce qu'il s'oppose à sa trop grande dissipation.

Si à l'aide d'un long tube vous soufflez doucement Exp. 70. *sur un corps chaud , le fluide qui en émane y sera refoulé par l'impulsion de l'air ; mais , au lieu de souffler , si vous aspirez fortement , ce fluide se précipitera dans le tube , où il trouve moins de résistance. Il se* Exp. 71. *précipitera avec plus d'impétuosité encore dans le tuyau d'aspiration de la machine pneumatique , si vous faites aller les pompes.*

Voici des preuves plus directes. On a vu plus haut que quand on suspend un petit boulet rouge sous un récipient de glaces , & qu'on le présente aux rayons solaires rassemblés à l'aide du feul objectif , on voit l'atmofphère ignée s'étendre à mefure qu'on fait le vide , & fe refferre enfuite à mefure qu'on laiffe rentrer l'air.

Quelle fe foit étendue autour du boulet ; cela eft évident , puifque les bords ont perdu le vif éclat qu'ils avoient à l'air libre , éclat qui tient uniquement à la denfité des émanations ignées & à leur figure fphérique ; ainfi qu'on l'a dit plus haut.

A l'égard de l'éclat qui lui refte , il va toujours en diminuant à mefure que notre fluide fe délaie dans l'air ; enfin , il difparoît lorfque la capacité du récipient eft tout-à-fait remplie de ce fluide. Ce fluide lui-même ne s'y apperçoit plus qu'on ne l'agite.

Exp. 72.   *Or fi l'on menage à l'air extérieur un paffage à travers un petit tuyau dirigé contre le boulet , on le verra écarter de l'efpace qu'il occupe les émanations ignées. Si l'air fe précipite fur ce boulet à travers un plus gros tuyau , il chaffera au loin les émanations qui l'environnent , & le fluide igné qui en émane inftantanément , reparoîtra alors à la fuperficie avec tout fon éclat ; comme il arrive lorfqu'on expofe ce boulet à un vent impétueux. Enfin , dès que l'air remplit le récipient , la fphère de notre fluide reparoît fous fa forme ordinaire.*

Exp. 73.   L'air eft auffi néceffaire à l'action du feu , en ce qu'il l'entretient par fon reffort : *cela fe voit*

*au simple mouvement oscillatoire de la flamme , ou
plutôt à celui du jet de fluide igné qui part du centre
de la flamme d'une bougie examinée au miroir réflexif,
un peu avant la réunion des rayons au foyer. Et l'on* Exp. 74.
*se forme une juste idée de la manière dont l'air agit à
cet egard , en examinant dans la chambre obscure la
petite atmosphère qui environne cette flamme vacillante ;
mieux encore en excitant doucement son feu avec un
soufflet.*

L'air est encore nécessaire à l'action du feu,
en tant qu'il fournit au fluide igné un milieu
compressible où il peut librement étendre sa
sphère d'activité. *Lorsqu'on fait entrer la flamme d'une* Exp. 75.
*bougie dans un tube de verre , d'un pouce de diamètre
sur six de longueur ; à peine introduite , qu'elle occupe
presque tout l'espace.* Or le tube agissant comme
reverbere , bientôt la chaleur raréfie l'air ambiant ; le ressort de l'air diminué de la sorte,
la flamme s'étend & s'allonge. *Mais si on vient* Exp. 76.
*à fermer le bout supérieur du tube , l'air violemment
dilaté par la flamme ne pouvant s'échapper , la comprime violemment à son tour & l'étouffe.*

Ainsi c'est en la comprimant à l'excès, ou
plutôt en rétrecissant peu-à-peu la sphère d'activité de notre fluide, qu'un air trop dilaté éteint
la flamme.

Cet effet est bien sensible dans la chambre
obscure. *Placez une bougie sous un récipient*

des glaces fixé fur fon fupport par un écrou, & à mefure que la chaleur augmentera l'expanfion de l'air contenu, vous verrez cette fphère fe refferrer par degrés.

Mais pourquoi, prête à s'éteindre, la flamme d'une bougie quitte-t-elle la mèche pour s'élever, même fous un récipient où l'air du dehors ne pénètre point ? Quelques nouvelles expériences vont éclaircir la queftion.

Exp. 77.   *Quand on fait entrer à moitié cette flamme dans un long tube ouvert aux deux bouts, fa partie fupérieure*

Exp. 78. *s'allonge & fe rétrecit extrêmement. Quand on l'y fait entrer tout-à-fait, vivement pouffée vers fa bafe par l'air du dehors, on la voit quitter peu-à-peu la mèche jufqu'au fommet, puis s'en détacher tout-à-coup avec*

Exp. 79. *fifflement (1) : fi la coupe du verre n'eft pas égale, toujours la flamme commence à fe détacher près l'endroit écorné, c'eft-à-dire, près l'endroit par où l'air com-*

Exp. 80. *mence à fe précipiter dans l'efpace raréfié. Quand on la fait pénétrer plus avant, l'air qui fe précipite trouvant dans la cire quelque obftacle à fon entrée, n'a plus autant d'action, & la flamme fe ranime un peu ; mais après l'avoir introduite, quand on bouche immédiatement le haut du tube, elle s'applatit par le fommet,*

---

(1) Cette expérience ne réuffit, qu'autant que le diamètre du tube eft à celui de la mèche, à-peu-près dans le rapport de 9 à 2 ; encore faut-il que la mèche ait befoin d'être mouchée.

diminue peu-à-peu , & s'éteint en se rapprochant de la base. Envain l'ayant rallumée , essaye-t-on de la faire Exp. 81.
pénétrer dans ce tube bouché par le haut ; refoulée sur
elle-même (1), *elle ne fait plus que l'envelopper.* Exp. 82.

C'est donc par une pression plus forte dans ses couches inférieures que dans ses couches supérieures, que l'air enlève la flamme. Appliquons ce principe au cas dont il s'agit.

La sphère d'activité qu'a la flamme à l'air libre, ne change pas tout-à-coup dans l'air renfermé : or dès qu'on met la bougie sous le récipient, comme la chaleur est plus vive en haut qu'en tout autre point de l'étendue de cette sphère (2) ; l'air commence déja à s'y raréfier le plus, avant qu'on ait fait travailler la pompe. Ainsi refoulé vers les côtés , sur-tout vers la base , sa force expansive augmente (3) ; il com-

---

(1) *L'air refoule alors si complettement le fluide igné, que lorf-* Exp. 83.
qu'on rabat sur la flamme d'une bougie un entonnoir très-court,
dont on bouche le bout avec le doigt , on ne ressent aucune
augmentation de chaleur.

(2) Voyez l'article *du dégré de chaleur dont les corps sont susceptibles.*

(3) On s'assure de ces faits à l'aide d'un récipient percé de trois trous dans sa hauteur , à chacun desquels est luté le tube recourbé de la boule d'un baromètre. Après avoir suspendu au milieu une très-grosse lampe à l'esprit de vin , on le fixe sur son support par quelques coups de piston.

Les baromètres doivent marcher également.

prime donc la flamme plus vivement , il la détache de la mèche , & l'oblige de se porter vers l'endroit où elle trouve le moins de ré-sistance.

Enfin, l'air est nécessaire à l'action du feu , en tant que par son moyen tout le phlogistique des matières inflammables , successivement amené à la superficie , est réduit en vapeur pour former de la flamme : aussi le bois enveloppé de limaille & exposé au feu dans un creuset , n'éprouve-t-il aucune altération.

Les corps ne sont pas tous également pro-pres à fixer l'action du fluide igné ; dépourvus de phlogistique , ils peuvent bien être pénétrés de feu , non lui servir d'aliment. Ainsi la seule différence essentielle qu'il y ait entre les matières combustibles & les matières incombustibles , c'est que les dernières contiennent peu ou point de phlogistique , dont les premières abondent. Mais pourquoi le fluide igné s'attache-t-il aux seules matières inflammables ? En vertu d'une affinité particulière entre ses globules & le phlo-gistique dont ces matières sont saturées. Cette attraction est bien marquée. *Lorsqu'en poussant de l'air avec un chalumeau , on essaye de détacher du com-bustible la flamme qui le dévore , on s'apperçoit qu'elle ne cède pas sans résistance, & qu'elle regagne bientôt l'espace abandonné.* Moins le phlogistique est enveloppé par les autres principes du mixte, moins la flamme cède à l'impulsion de l'air; & *dans le* Exp. 85. *soufre, le phosphore, l'esprit de vin déphlegmé, l'adhésion est si forte, qu'en soufflant avec violence sur la surface enflammée, on parvient à peine à en écarter de quelques points la flamme.*

Ainsi le phlogistique est l'aliment du feu, en tant qu'il fixe l'action du fluide igné, en vertu d'une affinité particulière.

La déflagration est le plus haut point de chaleur dont les corps soient susceptibles : aussi la flamme est-elle beaucoup plus ardente que le corps embrasé d'où elle émane. S'il falloit en donner la preuve, je pourrois l'étayer de mille faits ; mais je me borne aux deux suivans. *La* Exp. 86. *paille s'allume à deux pouces du sommet de la flamme d'une chandelle, tandis qu'elle ne peut s'allumer que par le contact du brasier : l'amianthe en petits faisceaux* Exp. 87. *se consume dans la flamme d'une bougie, & elle n'éprouve aucune altération sur un fer rougi à blanc.*

Plus la flamme est pure, plus elle est dévorante.

L'esprit de vin déphlegmé produit plus de chaleur que l'éther, l'éther plus que les huiles essentielles, les huiles essentielles (1) plus que le suif, le suif plus que la cire, la térébenthine, la poix, les bitumes.

---

(1) Il faut en excepter l'huile de térébenthine.

Voici à ce sujet quelques expériences que j'ai faites avec toute l'exactitude possible.

Exp. 88. & 89.

Au sommet de la flamme qui s'élevoit d'un dez rempli d'esprit de vin très-déphlegmé & bouillant.

Des paillettes d'argent, de trois grains chacune, ont été complettement fondues en six secondes.

Une plaque de cuivre rouge, d'un sixième de ligne d'épaisseur & du poids de trois grains, a rougi à blanc en cinq secondes, s'est affaissée en trente, fondue en cinquante-cinq, & scorifiée en deux minutes.

Exp. 90. & 91.

Au sommet de la flamme d'une chandelle qui venoit d'être mouchée.

En trente secondes, le bord seul des paillettes s'est fondu.

En quatre minutes, la plaque n'a fait que rougir à blanc.

Exp. 92. & 93.

Au sommet de la flamme d'une bougie qui venoit d'être mouchée.

En cinquante secondes, les paillettes n'ont fait que rougir à blanc.

En dix minutes, la plaque n'a fait que rougir à blanc.

Exp. 94.

Au sommet des jets de flamme de la térébenthine, de la poix, de la houille; l'incandescence a été moins prompte & moins vive.

Exp. 95.

Sur des charbons bien allumés, en dix minutes les paillettes avoient simplement rougi.

Au milieu de six charbons ardens disposés en reverbère.

> *En quinze minutes, la* Exp. 96.
> *plaque ne s'étoit pas seule-*
> *ment affaissée, & n'avoit*
> *fait qu'aquérir de la ducti-*
> *lité.*

Mais pour que les prémières expériences réuf-fiffent toujours, il faut empêcher la flamme de vaciller à l'aide d'un petit entonnoir de verre.

Le refroidiffement des corps eft l'effet néceffaire de deux Exp. 97. *caufes fimultanées, diffipation du fluide igné, & di-minution de fon mouvement inteftin, comme on l'obferve dans la chambre obfcure.*

Si l'on recherche dans cet effet le produit de chacune de ces caufes, on trouvera que la pre-mière influe beaucoup moins que la dernière; pour cela, il fuffit de *comparer la durée du refroidif-* Exp. 98. *fement de deux corps femblables également chauds, dont l'un eft fufpendu dans l'air le plus raréfié, & l'autre im-merfé dans l'eau d'égale température.*

Or ici l'air & l'eau n'agiffent que comme éponges; car un corps n'en refroidit un autre qu'il touche, qu'en abforbant le fluide igné qui s'en échappe.

La diffipation du fluide igné eft très-prompte; cela fe Exp. 99. *voit à l'immerfion d'un boulet rouge dans un grand ré-fervoir.*

Plus les corps font chauds, plus ce fluide fe diffipe Exp. 100.

abondamment, car fa force expanfive eft toujours en raifon du dégré de chaleur.

Des diverfes fubftances connues, l'air eft la feule qui réfifte à la diffipation du fluide igné, que prefque toutes les autres abforbent : par fon moyen les corps chauds, plus long-temps environnés du fluide qui s'en échappe, doivent donc conferver plus long-tems leur chaleur.

Exp. 101.   *Ce fluide néanmoins ne s'accumule pas tout à leur furface ; car la petite atmofphère ignée qui les environne, loin de s'étendre, fe refferre toujours à mefure que leur cha*

Exp. 102. *leur diminue ; on voit même le fluide qui la forme s'échapper par le haut, où la preffion de l'air eft moins grande.*

La principale caufe du refroidiffement des corps eft donc le contact des milieux ambians, mais des milieux moins chauds ; car plus eft vif le mouvement inteftin-principe de la chaleur, plus il a de force expanfive, plus il tend à fe communiquer. Or plus ces milieux font denfes, plus ce refroidiffement eft accéléré ; auffi l'eft-il davantage dans l'eau que dans l'air, dans l'air

Exp. 103. que dans le vide. *Sous le récipient de la machine pneumatique, où l'air avoit été extrêmement raréfié, un boulet de cuivre du poids de deux onces & rougi à blanc, s'eft refroidi jufqu'à la température de l'atmotfphère,*

en . . . . . *80 minutes.*

A l'air libre, en . . . 41

Dans un fceau d'eau froide, en . . . *10 fecondes.*

Si

Si l'air a un courant, cette dissipation est plus consi- *dérable encore. Aussi le même boulet qui emploie* 41 *mi-* *nutes à refroidir en plein air, se refroidit-il au même* *point, en six minutes; lorsqu'on l'évente par deux souf-* *flets opposés.*

Exp. 101.

Le fluide igné n'est pas lumineux, il le devient pourtant; alors, s'il est pur, son image dans la chambre obscure a toujours l'apparence d'une vive lueur; mais il doit cet éclat aux rayons solaires qu'il rassemble: ainsi qu'on l'a vu plus haut.

Le feu n'est feu qu'autant que le mouvement des globules ignés est assez vif pour ébranler la matière de la lumière: aussi la lumière & la chaleur sont-elles toujours unies dans ce prétendu élément.

La flamme n'est pas également lumineuse, elle n'est pas non plus également colorée; dans le même foyer souvent on en voit des jets orangers, jaunes, bleus, verds, violets, lilas, rouges, &c.: mais quelle qu'en soit la teinte, leur base est toujours indigo, & leur sommet ordinairement paille ou oranger-rouge.

La couleur de la flamme dépend de la nature des effluves combustibles qui réfléchissent la lumière.

C'est par une flamme indigo que tout combustible commence & finit de déflagrer : dans

C

l'intervalle, quelque teinte qu'elle prenne, la base de ses jets ne change point : cette couleur tient donc aux effluves du phlogistique pur , — effluves propres à réfléchir les seuls rayons indigo de la lumière mise en mouvement par le fluide igné.

Et puisque telle est la couleur réfléchie par le principe inflammable, cette couleur est fondamentale dans tout jet de flamme ; elle n'est donc altérée que par les effluves des autres principes du corps qui déflagre ; principes qui fui-suivant leur combinaison ne réfléchissent pas simplement toutes les couleurs primitives, mais un grand nombre de couleurs composées.

Comme les effluves des combustibles ne s'échappent que par le haut ; la flamme doit res-ter pure à sa base, beaucoup moins au centre, *Exp. 105.* beaucoup moins encore au sommet: *là, obscurcie par la fumée , ces effluves crasses lui donnent une teinte rouge-brune, comme on le voit en les y refoulant.*

Exp. 106. On peut s'assurer de cette vérité en *poussant au chalumeau des jets de flamme de différente couleur sur un morceau de sucre bien blanc. La flamme bleue ne le Exp. 107, ternit point, la jaune le noircit beaucoup ; l'oranger da-108 & 109. vantage , la rouge encore plus , &c.*

La couleur de la flamme vient de la nature des combustibles ; son brillant, de la vivacité du *Exp. 110.* mouvement intestin des globules ignés ; car *elle ne fait qu'acquérir de l'éclat, sans changer de teinte, quelque vivement qu'on la pousse au chalumeau :* auffi celle du nitre, ou l'air abonde, paroît-elle d'un blanc éblouiffant.

C'eft par la preffion de l'air ambiant que la flamme prend toujours une direction verticale, & c'eft par cette preffion auffi qu'elle prend toujours la forme d'un cône allongé. »Plongée »dans un fluide plus pefant qu'elle, difent les »Phyficiens, elle doit fe porter de bas en haut, »fuivant les loix de l'hydroftatique«. Je ne dirai rien ici de la fauffe (1) hypothèfe fur laquelle

---

(1) *Les preuves de la fauffeté de cette hypothèfe fe préfentent en foule, pour peu qu'on examine les phénomènes.*

Sous un récipient de verre, on voit la flamme prendre après Exp. III. *quelques légers coups de pifton une forme conique régulière, qu'elle conferve un moment ; puis elle fe racourcit, s'arrondit & finit comme par un point.*

Si on place fous ce récipient une chandelle qui ait befoin Exp. III. *d'être mouchée, affez fouvent la flamme détachée de la mèche s'élève, & toujours avec plus de célérité qu'on fait le vide avec plus de preffeffe.* Suivant nos Phyficiens, l'air augmenteroit donc en poids à mefure qu'il diminue en denfité : -- conféquence abfur-de, qu'ils font forcés d'admettre. Mais leur hypothèfe eft dé-mentie par le fait, d'une manière plus frappante encore ; car quand on place une bougie allumée dans l'air chargé de vapeurs alkalines ou nitreufes ; fa flamme peu vive s'éteint bientôt, fouvent même elle s'abat : ces vapeurs ont pourtant beaucoup ajouté au poids de l'air commun.

Non-feulement la pefanteur fpécifique de l'air au bas de l'atmof-

on établit cette conséquence ; mais il me paroît que ceux qui l'ont tirée n'ont guère compris le rapport de l'effet à la caufe.

---

phère n'excède pas celle du fluide igné, réuni aux effluves des combuftibles ; mais elle eft moindre que celle de ces effluves feuls.

Exp. 113. Lorfqu'une chandelle s'eft éteinte fous un récipient adhérent à fon fupport, on voit s'en élever un jet perpendiculaire de fumée qui, après avoir frappé la voûte, fe dilate & s'abaiffe en plufieurs filets ondoyans. De ces filets, ceux qui s'étendent au-deffus de la région qu'occupoit la flamme s'agitent en tourbillon, les autres s'abbatent le long des parois ; arrivés au bas, ils s'y amaffent & ne s'élèvent plus, lors même qu'on laiffe doucement rentrer l'air du dehors.

On prétend que la fumée, comme la flamme, s'élève en vertu des loix de la pefanteur. Si cela étoit, pourquoi s'abattroit-elle après avoir frappé le haut du récipient ? — Parce qu'il y a réaction. — Pourquoi donc parvenue au bas s'y amaffe-t-elle ; & pourquoi ne s'élève-t-elle plus enfuite, pas même par l'intromiffion de l'air extérieur ? Mais quoi, la fumée s'éleveroit dans l'air en vertu des loix de la pefanteur, lorfqu'elle eft condenfée en un feul jet ; puis elle s'abattroit, lorfqu'elle eft étendue en plufieurs fillons. Et elle ne s'abattroit pas dans la région qu'occupoit la flamme où l'air eft le plus raréfié ? Loin de s'y abattre, elle s'éleveroit de nouveau ? Quelles inconféquences !

Exp. 114. Que l'afcenfion de la flamme vienne de la force expanfive du fluide igné, cela fe voit dans la chambre obfcure ; car à mefure *Exp. 115.* que le feu de la mèche s'éteint, la fumée s'élève moins rapidement & s'élève moins haut ; on y voit même les émanations ignées des corps chauds s'élever toujours moins vîte que leur chaleur dimi- *Exp. 116.* nue, & celles qui s'élancent d'un corps enflammé monter très-lentement dès qu'on ôte de deffous la flamme.

Si la flamme montoit en vertu du principe de la gravitation, comme on l'avance ; loin de prendre une forme à-peu-près conique, elle affecteroit toujours une forme contraire, — celle d'un cône renverſé ; puiſque le poids de l'air augmente avec la hauteur de la colonne. Le principe ne rend donc pas raiſon du phénomène.

Au poids ſubſtituons le reſſort , & nous verrons s'expliquer de lui-même cet effet, auquel on n'a point encore aſſigné de vraie cauſe. A l'aide de la force attractive, le fluide igné fixe ſon action ſur les ſubſtances inflammables, où leurs effluves agités dans ſa ſphère d'activité forment la matière de la flamme. Au centre de cette ſphère, la force expanſive du feu a le plus d'énergie, l'effet de la preſſion de l'air eſt donc moins ſenſible ; mais cette force s'affoiblit à la circonférence , & la preſſion de l'air augmente d'autant : que ſi la flamme a toujours une direction verticale, c'eſt que l'air plus denſe, conſéquemment plus élaſtique dans ſes couches inférieures, la comprime davantage & l'empêche plus efficacement de s'étendre. Ne pouvant donc pouſſer en bas , elle pouſſe en haut : voilà comment la flamme prend toujours la forme d'un cône allongé.

Au reste ce n'est ici que le précis de l'Ouvrage que je publierai bientôt, sous le titre de
Recherches Physiques sur le Feu.

FIN.

Défauts constatés sur le document original

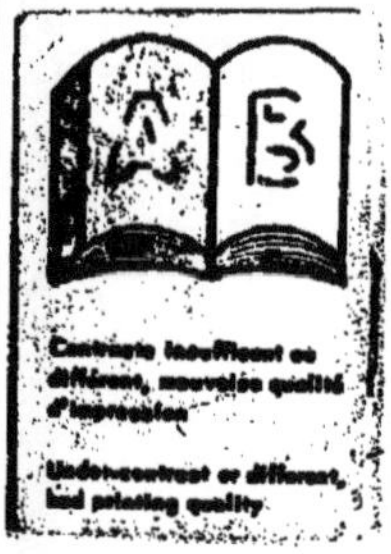